U0264730

XBRL GL 不神秘

贾欣泉 著

清华大学出版社

北京

内 容 简 介

　　XBRL GL 是一种标准化的数据格式。中文全称为"可扩展商业报告语言全球账簿分类标准"。在企业发生原始交易时，利用 XBRL GL 技术可以在会计核算的最基本元素上做标记，实现明细交易数据的标准化。XBRL GL 标准的通用性和灵活性都非常高。在会计信息化领域，XBRL GL 技术持续预热，获得有识之士的关注，有喷薄欲出之势。本书是 XBRL GL 技术的普及读物，图文并茂、深入浅出地讲解 XBRL GL 技术的前世今生、来龙去脉，旨在揭开 XBRL GL 的神秘面纱，让更多的人认识 XBRL GL 进而应用 XBRL GL。

　　本书面向零基础的会计、信息化和标准化领域的广大读者。

图书在版编目(CIP)数据

XBRL GL 不神秘/贾欣泉著. —北京：清华大学出版社，2018(2020.1重印)
ISBN 978-7-302-49545-1

Ⅰ. ①X…　Ⅱ. ①贾…　Ⅲ. ①可扩充语言　Ⅳ. ①TP312

中国版本图书馆 CIP 数据核字(2018)第 024719 号

责任编辑：刘向威
封面设计：文　静
责任校对：焦丽丽
责任印制：杨　艳

出版发行：清华大学出版社
　　　　　网　　　址：http://www.tup.com.cn，http://www.wqbook.com
　　　　　地　　　址：北京清华大学学研大厦 A 座　　邮　　编：100084
　　　　　社 总 机：010-62770175　　　邮　　购：010-62786544
　　　　　投稿与读者服务：010-62776969，c-service@tup.tsinghua.edu.cn
　　　　　质量反馈：010-62772015，zhiliang@tup.tsinghua.edu.cn
　　　　　课件下载：http://www.tup.com.cn，010-83470236
印 装 者：北京九州迅驰传媒文化有限公司
经　　销：全国新华书店
开　　本：145mm×210mm　　印　张：4.125　　字　　数：38千字
版　　次：2018年2月第1版　　　　印　次：2020年1月第2次印刷
印　　数：2001～2300
定　　价：30.00元

产品编号：076822-01

前　　言

2011 年出版的《XBRL GL 精解》是中国较早专门讲解 XBRL GL 的专著。近几年，XBRL GL 标准不断完善。2015 年 6 月，XBRL 国际组织又发布了最新版标准。最新版 XBRL GL 标准包含了全套中文标签，这是天津观澜教育咨询有限公司不懈努力的重要成果。

XBRL GL 的理念是"在原始交易的时候就给核算的最基本元素打上 XBRL GL 标记，实现明细的财务数据和非财务数据标准化。"这一理念虽然很好，但眼下 XBRL GL 的应用却明显不足。究其曲高和寡的原因，可能就是它给人一种深奥难懂的神秘印象。要让标准更接地气，不再阳春白雪，就该用一种通俗易懂的亲和方式介绍 XBRL GL，揭开它神秘的面纱，让更多的人认识它。只有了解的人多了，XBRL GL 应用才会广泛，标准化的规模效应才会显现。这就是策划这本入门读物的初衷和持续的动力。

通过本书的讲解，读者朋友不难发现，XBRL GL 是一套好用的标准。我希望更多的读者朋友结合自己的工作实践，学好用好XBRL GL。

作　者

2018 年 2 月

目　　录

第一章　美丽的故事

在辽阔、蔚蓝的大海上，分布着许许多多、大大小小的岛屿，恰似撒落在蓝色天鹅绒桌面上的一颗颗绿宝石。春去秋来，每一座小岛上都会收获独特的物产，供岛民们休养生息，过着封闭孤寂的日子。由于物产品种有限，岛民们虽然也能自给自足、丰衣足食，但难免营养

失衡、生活乏味。小岛的居民们也曾考虑过划着小船出海，与其他岛屿的居民往来贸易、交换特产，但是，由于岛屿之间航道复杂凶险，加之语言不通，岛民们往往只落得望洋兴叹。

直到有一天，一座人工岛破水而出，为这片海洋带来了勃勃生机。人工岛上建起一栋栋标准化的库房，这些库房采用统一的框架结构，不论是外观还是内部结构都非常相似。每栋库房的大门边，都悬挂着多种语言写成的铭牌，标记这栋库房用于存放哪一种物品。这些库房真是奇妙，不仅足以容纳任何一座小岛的任何一种物产，还免费提供给所有岛民永久使用。一时间，人们奔走相告，人工岛的访客络绎不绝。

从此以后，岛民们常常把自家的特产搬上

小船,沿着安全的航道运抵人工岛。他们按照物品名称找到岛上的一栋库房,把自产的物品搬进去安放好。他们还会走进其他库房,搬出自己需要的物品,装到停泊在人工岛港口的小船上。小船满载着新鲜的物品驶离人工岛,沿着安全航道顺利返航,运回家乡。

随着人工岛吞吐量的持续攀升,曾经的孤岛呈现出一派繁荣景象。经由与人工岛之间的安全航道,岛民们不仅可以把自己的特产运出去,还可以把急需的物资运进来。人们在有些小岛上建起了工厂,综合利用本岛特产和外来物资生产出琳琅满目的新产品。这就是孤岛不孤的美丽故事。

接下来是这个故事的信息时代版。在当今这个信息时代,分布在各行各业的应用系统

就像大海中的一座座岛屿，源源不断地产生各种内部信息。如果应用系统难以有效地与其他系统互通信息，就沦为一个个"信息孤岛"。在这种情况下，统一的数据标准将成为应用系统之间交换信息的枢纽，就像人工岛上那些标准化库房一样，是消除这些"信息孤岛"的有效途径。

这个数据交换标准应当是开放的，能提供给所有应用系统免费使用；这个数据交换标准应当是全面的，能承载系统中全部原始交易信息；这个数据交换标准应当支持多种语言，以便充分利用海内外的信息资源；这个数据交换标准应当支持明细数据由下向上汇总，应当支持多维度分析，从而创造出新的信息产品。符合这些要求的数据交换标准，非 XBRL GL 莫属！

第二章　会计语言的"活字"

　　既然 XBRL GL 是一种数据交换的标准,跟会计有什么关系?什么是活字,XBRL GL 跟活字又有什么联系?搞清楚这几个问题以后,就会对 XBRL GL 有一个初步的印象了。

一、古代：活字印刷术

北宋以前，在中国普遍使用的是雕版印刷术，就是先用刀在一块块木板上雕刻成凸出来的反写字，然后再涂上墨，印到纸上。每印一种新书，木板就得从头雕起，所以印刷速度很慢。要是刻版出了差错，就得重新刻起，劳作之辛苦可想而知。

到了北宋年间，毕昇发明了活字印刷术。他用胶泥做成一个个四方形的长柱体，在上面刻上反写的单字，这就是活字字模。这样一来，只需要按文章的内容把字模按顺序码放好，做成印版就可以印刷了。印刷结束后把活字字模拆下来,下次印刷还可以再用。这种改进的印刷术就叫活字印刷术。后来出现的木活字、铜活字和铅活字,都是在毕昇的活字印刷基础上发展演变来的。活字印刷术堪称人类印刷史上的一大革命,使印刷技术进入了一个新时代。

毕昇发明的活字字模是标准化的典范之一。每一个活字字模大小规整、文字清晰,是印刷品组词、造句、谋篇、成书的最基本单元。这些字模可以灵活地组合、重复地使用,呈现不同的知识含义。值得注意的是,活字字模的理念是重内容、轻形式——活字印刷术关注知识的传播与交流,并不关注字模的字体如何飘逸、独具一格。活字字模往往统一采用诸如宋体这种端正、易于辨认的字体,不体现真、草、

隶、篆等字体的变化。活字字模这种与形式无关的特性，让活字印刷术的标准化更进一步。

二、现代：会计语言

不论是在企业内部，还是在各企业之间、企业与政府机构之间，都需要一种交流经济信息的有效手段。会计就是这样的通用业务语言。企业跟另一家企业打交道时，也要借助会计语言；企业跟银行打交道时，也要借助会计语言；企业跟政府打交道时，还要借助会计语言。企业要用会计语言说清楚拥有多少资产、承担多少债务、享有多少权益、取得多少收入、发生多少费用、产生多少利润。

会计对资产、负债、所有者权益、费用、收入、利润等要素都进行了严格的定义,对处理经济信息的方法、程序甚至记录呈报的格式也有统一的规定。因此,不同的企业使用会计语言就可以相互理解,不会产生歧义。

在使用会计语言确认、计量、记录和报告企业日常经济事项的过程中,会计科目就是会计语言的术语,记账流程和规则就是会计语言的语法,财务报告就是用会计语言写就的文章。

三、当代：XBRL GL

XBRL GL 是 eXtensible Business Reporting Language for Global Ledger 的缩写,全称是

"可扩展商业报告语言全球账簿分类标准",它是一种标准化的数据格式。利用 XBRL GL 技术,在企业发生原始交易时就可以在会计核算的最基本元素上打上标记,实现明细交易数据的标准化。XBRL GL 标准的通用性和灵活性都非常高。

XBRL GL 标准一共定义了 428 种标记,也称为 428 个"XBRL GL 元素"。使用 XBRL GL 标准,可以给每一笔原始交易最多打上四百多种标准化的标记,给交易信息赋予了全方位的业务属性。打上标记以后,XBRL GL 格式的原始交易信息就像一个活字字模——包含标准化业务信息的最基本单元;可以自动汇总原始交易信息生成会计语言的"词句"——账簿,或者进一步汇总生成会计语言的"篇章"——报表。XBRL GL 格式的原始交易信息还包含分析维度专用的标记,可以从不同的维度或维度组合进行交易信息的统计分析,编辑出会计语言的诗、词、歌、赋。

XBRL GL 标准提供的这些标记是全方位的,分成基本会计信息类、原始文档信息类、税费信息类、多币种信息类,此外,还有一些抽象的 XBRL GL 标记。这里暂且不细说这些标记的用法,只罗列出一些典型标记的名字,就算跟 XBRL GL 初次见面吧。

基本会计信息类的标记主要有: 主科目号 、 主科目描述 、 科目类型 、 子科目标识符 、 子科目描述 、 子科目类型 、 金额 、 币种 、 借项/贷项标识符 、 创建日期 、确认日期、过账日期。

原始文档信息类的标记主要有：原始文件类型、原始文件号、文件日期。

税费信息类的标记主要有：税额、税费类别、税务机构。

多币种信息类的标记主要有：原始币种、原始币种额度、汇率日期、换算额度的币种、换算额度汇率、换算额度。

XBRL GL 标准还提供可以更灵活使用的标准化标记，比如，统一的客户、供应商、员工信息标记，包括：标识符号、标识符描述、标识符类型；统一的非金额计量信息标记，包括：可度量代码、可度量单位成本/价格、

可度量描述 、 可度量数量 。

与活字字模的理念一样，XBRL GL 标准关注交易信息的内容——为交易信息打上标记，旨在清晰地标识信息的属性以及属性之间的关系，并不关注交易信息的具体展现形式。XBRL GL 数据的形式无关性，确保了交易信息能够准确、高效、广泛地传播与交流，有望实现会计语言的一次飞跃。

一旦为一笔交易记录打上标记，一枚 XBRL GL 字模就诞生了；将这些 XBRL GL 字模依序排列成行、成页、成册，就可以形成最为详尽的经济信息库；凭借 XBRL GL 字模包含的丰富维度属性，可以按照新的分类重新排列字模，印刷出不同的内部、外部管理报告。

四、未来："书同文"

通过以上理念层面的类比不难发现，XBRL GL 技术与活字印刷术真可谓神似。在应用层面，XBRL GL 技术又超越了印刷术。

XBRL GL 是开放的标准，保证所有人都可以免费拥有一套 XBRL GL 字模，可以根据自己的需要谋篇布局，记录并分享自己的心声。XBRL GL 的开放特性，显著增强会计语言的活性，让更多提供会计信息的人能够创建标准化数据，也让更多使用会计信息的人能够读懂和运用这些数据资源。此外，每一个 XBRL GL 标记都有英文、中文、日文、西班牙文、意大利文等多种语言标签。因此，无须任何翻译过程，就可以让众多国家的用户同时读懂 XBRL GL 格式的词句与篇章。

XBRL GL 字模易于计算机识别，易于软件处理，易于网络分享，借助计算机与网络技术的突飞猛进，XBRL GL 标准打破传统印刷术在知识传播时间和空间上的局限，必将助力实现会计语言的"书同文"。

第三章　XBRL GL 标记

一、给谁打标记

XBRL GL 是一种给原始交易信息打标记的标准。原始交易信息往往位于商业报告信息供应链的低端。"商业报告信息供应链"是什么？又长又拗口的，是不是有些莫名其妙？要说清楚什么是商业报告信息供应链，先要从大家熟悉的会计账务处理谈起。

会计是记录、计算、报告经济事项的一套体系，就是把经济事项的信息记录在案，经过整理，以简洁明了的方式呈报给使用的人。会计账务处理大体要经历证、账、表三个环节。证，是指会计凭证，包括原始凭证和记账凭证。会计账务处理首先需要从合规的原始凭证开始，根据原始凭证填列记账凭证。账，是指会计账簿，可分为总账、明细账、日记账和辅助账。总账是根据一级会计科目设置的；明细账是根据一级会计科目所属的二级明细科目设置的。把会计凭证中相同的会计科目汇总登记就形成了账簿。表,是指会计报表,一般包括资产负债表、利润表、现金流量表、所有者权益变动表。根据汇总起来的账簿余额填列就形成了会计报表。从会计账务处理这三个环节可以看出,前一个环节提供的信息是后一个环节的信息来源。这样前后衔接的环节,就像一根环环相扣的链条。因为链条上渐次传递的是会计信息,所以可以称之为会计信息供应链。

商业报告信息供应链跟会计信息供应链比较相似。不过,商业报告信息供应链的链条更长,环节更多。从单位的商业运营,到内部商业报告,再到外部商业报告,再到投资决策、信贷决策、外部监管,直到经济政策制定,所有这些环节都是通过前一个环节向后一个环节提供的信息联系在一起。图 3.1 是商业报告信息供应链的示意图。

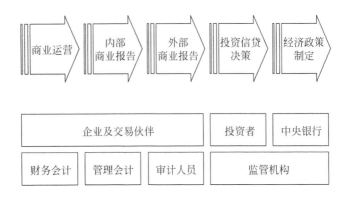

图　3.1

示意图的上半部分表示商业报告信息供应链的五个环节,下半部分表示各个环节的参与方。其中,前三个环节的参与方包括企业及其交易伙伴,除涉及财务会计以外,还涉及管理会计、审计人员;后两个环节的参与方包括投资者、监管机构、中央银行。在商业报告信息供应链的低端,图中的商业运营环节产生、传递颗粒度细小的原始明细数据。这些数据就像构成世间万物的原子一样,都具有相似的结构。在供应链的中高端,图中的内部商业报告、外部商业报告、投资信贷决策和经济政策制定环节将产生、传递颗粒度较大的汇总数据,这些数据往往是从不同角度、不同层级,通过汇总计算得出的结果。

在商业报告信息供应链的低端,通过给原始交易信息打上 XBRL GL 标记,可以为后续环节提供标准化的明细数据,是供应链后续环节的信息源头。

二、为什么打标记

一提到原始交易信息,我们往往会想到这

笔交易的金额。实际上，如果仅仅用金额标记一笔原始交易是远远不够的，甚至是无效的。为什么这么说呢？因为这个金额值还缺少上下文，缺少上下文的金额没有任何意义。下面，我们以一笔销售收款交易为例，来说明什么是上下文。

有一笔销售收款的金额是 121000。这个金额固然不错，但是如果没有上下文，比如，这是哪家单位的收款？收款的币种是什么？什么时间收到的？那么 121000 就是个毫无意义的数字。只有确定了这笔交易的上下文，比如，ABC 公司于 2015 年 10 月 13 日销售收款人民币 121000 元，这个数目才有意义。但是，关联了这些上下文标记的这笔原始交易，还只是最基本的环境信息，这些信息依然远远不够，无法成为商业报告信息供应链的源头。

我们要为这笔交易赋予更多的相关属性，或者说打上更多的标记，才能满足商业报告信息供应链后续环节的需要。仍以上述销售收款交易为例，需要进一步关联的其他属性包括：交易单据类型、交易单据编号、客户名称、客户编号、原币金额、汇率、结算方式、记账凭证类型、记账凭证编号。此外，销售收款交易还要关联时间属性。与一张财务报表相关的时间属性往往只有一个，或者是某个会计期间，或者是某个时间点。而与原始交易相关的时间属性通常有多个，比如，销售收款交易有收款日期，还有记账日期、核销日期。只有为原始交易再打上这些标记，原始交易信息才可能为商业报告信息供应链的后续环节提供明细的基础数据。只有根据属性充足的原始交易信息,供应链后续环节才能游刃有余地使用这些明细数据。比如,在内部商业报告环节,就可以从客户、结算方式、记账日期等多个维度进行统计分析,满足不同的管理决策需要。

到这里,这些原始交易信息距离成为商业报告信息供应链的源头还差一步。怎么还差一步呢?因为供应链后续环节的参与方往往形形色色,既涉及企业内部不同部门,也涉及交易伙伴、外部投资者、监管机构,等等。如果不同的企业为原始交易信息打标记的方式各不相同,那么,供应链上其他参与方要想读懂一家企业的交易信息,就要花费不小的力气,再要读懂每家相关企业的交易信息,就几乎是不可能完成的任务了。只有借助于原始交易信息的标准化，才能解决商业报告信息供应链上众口难调的问题。

　　什么是标准化？我们先看一个物流供应链中标准化的例子。集装箱运输是一种运输货物的货柜标准化方法。如果把货物装进标准规格的集装箱，那么，不论是轮船、火车、飞机，还是卡车就都可以装载运输。集装箱规格的标准化影响了物流供应链上的所有人，降低了港口的装卸成本，提高了运输工具的使用效率，使运费显著下降，极大地推动了贸易发展。或许读者朋友们对集装箱已经司空见惯，熟视无睹。不妨设想一下没有标准化集装箱的情景：包装货物的容器大小不等、形状不一。与采用集装箱相比，港口装卸、堆场码放的效率

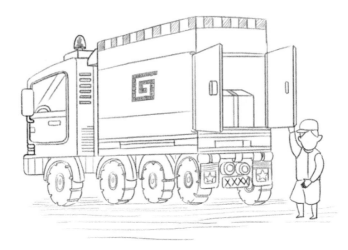

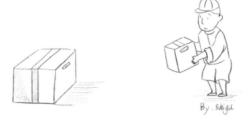

非常低下,装载运输的空间利用率锐减,储存和装运成本大幅攀升。相比之下,集装箱标准化的巨大价值确实令人印象深刻。

集装箱的规格有标准,给原始交易打标记也有标准可循。XBRL GL 就是这样的标准,为每个标记定义了标准化的名称、数据类型、层级顺序、多语言标签。其中,有些涉及时间、币种、语言的 XBRL GL 标记直接采用国际标准,进一步提高了 XBRL GL 的标准化程度。以交易时间的格式为例,有的软件应用系统中可能记作"2015 年 10 月 13 日",而另一个应用系统中可能记作"20151013"。不要说让计算机读,就是让人来读,也需要"转念"想一想。XBRL GL 的时间标记全部采用 ISO 8601:2000 国际标准格式,统一记作"2015-10-13",

非常适合计算机自动读取。

总之,打上标准化的 XBRL GL 标记后,原始交易信息具备了全球性、整体性、通用性和可扩展性的特征,可以满足不同地区、不同行业的不同用途,真正成为商业报告信息供应链的"源头"。

三、标记长什么样

针对不同类型的原始交易,我们可以选取不同的 XBRL GL 标记标识交易的种种属性。XBRL GL 标准一共定义了 428 种 XBRL GL 标记,罗列在本书后面的附录里。这些 XBRL GL 标记之间存在着固定的层级关系,如果把全部 XBRL GL 元素排列在一起，就仿佛是一棵枝繁叶茂的大树：会计分录是这棵树的树干；从树干上生出 3 根粗壮的树枝，分别是文档信息、实体信息和分录信息；从分录信息树枝上又会生出一些稍细的树枝，就是分录明细；同时，分录信息树枝上也会生出许多树叶，比如，分录过账日期、分录标识符；从分录明细树枝上既会生出更细的枝条，也会生出树叶……

给一笔原始交易打 XBRL GL 标记时，交易关联哪些属性，我们就从这棵大树上摘下对应的那些树叶，即对应的 XBRL GL 标记。这些树叶，连同它们所依附的树枝，以及树枝所依附的更粗的树枝，直到最粗壮的树干，便形成了一棵 XBRL GL 标记树。给这笔交易关联的所有 XBRL GL 标记赋值完毕,就完成了打标记的工作,形成标准化的原始交易信息。

仍以"ABC 公司于 2015 年 10 月 13 日销售收款人民币 121000 元"交易为例,打上的 XBRL GL 标记主要包括:

- 审计号 (1001Ledger_ABC)

- 文档说明 (应收明细)

- 所涵盖期间的起始 (2015-01-01)

- 所涵盖期间的终止 (2015-03-31)

- 默认币种 (iso4217:CNY)

- 组织标识符 (11111111-1)

- 组织描述 (ABC 公司)

- 报告日历代码 (2015)

- 分录过账日期 (2015-02-15)

- 分录标识符 (20)

- 分录描述 (VoucherType3)

- 过账代码 (201502)

- 金额 (121000)

- 原始币种额度 (121000)

- 原始币种 (iso4217：CNY)

- 原始汇率 (1)

- 原始汇率说明 (Spot)

- 标识符号 (KH001)

- 标识符描述 (新世纪集团)

- 标识符类别 (客户)

- 原始文件类型描述 (SK)

- 原始文件号 (XSSK201502-001)

- 原始文件参考 (收款单)

- 文件日期 (2015-02-13)

- 接收日期 (2015-02-13)

- 支付方法 (JSFS001)

- 明细描述 (销售收款)

- 确认日期 (2015-02-13)

图 3.2 就是这张销售收款交易的 XBRL GL 标记树示意图。

图中的这些 XBRL GL 标记为这笔交易提供了比较充分的、统一的明细数据描述,为商业报告信息供应链后续环节的数据应用奠定了标准化的基础。这时,就好像货物已经装进集装箱,静待各种不同的交通工具来装载、运输。

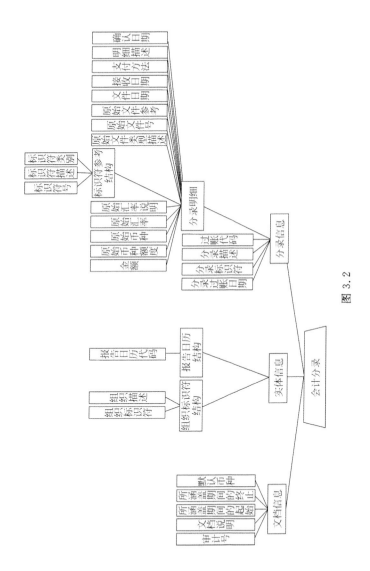

图 3.2

第四章 应用示例

一、应用背景

在会计核算软件里,在职工为企业提供服务的会计期间,根据职工提供服务的收益对象,将应确认的职工薪酬记入相关资产成本或当期损益,同时确认为应付职工薪酬。在制作会计凭证时,往往会以"应付职工薪酬"之下的二级甚至三级会计科目来记录。会计凭证中记录的数据通常是当前会计期间一批职工的薪酬合计数,并不细化到职工个人。

在许多企业里,明细的职工薪酬信息保存在企业的另一个软件系统,即人力资源管理软件里。在人力资源管理软件里,记录每次、每名职工、每个薪酬项目的详细数据。

企业会计核算软件与人力资源管理软件大都由不同的供应商开发,其中处理的业务数据采用不同软件商各自专有的结构和格式。这就造成两个系统之间彼此"看不懂",导致数据联通的困难。

XBRL GL 分类标准可以处理任何交易级的财务和非财务信息,可以作为不同应用系统之间数据交换的枢纽,支持从明细数据自动向上汇总数据,也支持从汇总报告向下钻取到明细数据。在本章的示例里,通过对会计核算软件与人力资源管理软件中职工薪酬数据的标准化,利用 XBRL GL 分类标准实现两个系统的互联互通和信息的交换共享。

二、数据标准化

职工薪酬,是指企业为获得职工提供的服务而给予各种形式的报酬以及其他相关支出。职工薪酬数据的标准化涉及两个系统:会计核算软件和人力资源管理软件。

使用 XBRL GL 对会计核算软件相关数据进行标准化，主要用到以下 XBRL GL 标记：

- 组织标识符 记录会计核算单位的统一社会信用代码

- 组织描述 记录会计核算单位的名称

- 过账代码 记录会计期间

- 分录标识符 记录记账凭证编号

- 行号 记录记账凭证行号

- 明细描述 记录凭证摘要

- 主科目号 记录科目编号

- 主科目描述 记录科目名称

- 币种 记录薪酬的币种

- 金额 记录薪酬的金额

按照上述标准,给会计核算软件中与应付职工薪酬科目相关的记账凭证数据打上 XBRL GL 标记,即转化成 XBRL GL 格式的标准化记账凭证数据。

使用 XBRL GL 对人力资源管理软件的相关数据进行标准化,主要用到以下 XBRL GL 标记:

- 组织标识符 记录会计核算单位的统一社会信用代码

- 组织描述 记录会计核算单位的名称

- 过账代码 记录会计期间

- 标识符号 记录职工编码

- 标识符描述 记录职工姓名

- 子科目标识符 记录职工所在的部门编码

- 子科目描述 记录职工所在的部门名称

- 可度量标识 记录薪酬项目编码

- 可度量描述 记录薪酬项目名称

- 原币币种 记录薪酬项目币种

- 原始币种额度 记录薪酬项目金额

按照上述标准,给人力资源管理软件中与职工薪酬科目相关的明细数据打上 XBRL GL 标记,即转化成 XBRL GL 格式的标准化职工薪酬明细数据。

至此,把会计核算软件和人力资源管理软件的交易级明细数据统一映射到 XBRL GL 标准上,转化成单一的数据源。这个数据源提

供的是开放的标准化接口数据,而不是软件供
应商专有格式的数据。由于这些 XBRL GL
格式的交易信息是基于开放标准的,企业内部
其他应用系统可以自由地使用接口数据,企业
外部的机构也可以及时地采集接口数据。

三、整合应用

会计核算软件中与应付职工薪酬科目相
关的记账凭证数据以及人力资源管理软件中
与职工薪酬相关的明细数据转化成 XBRL GL
格式后,原本难以关联的两部分数据就有了交
集。图 4.1 是描述这两部分 XBRL GL 格式
数据的示意图。

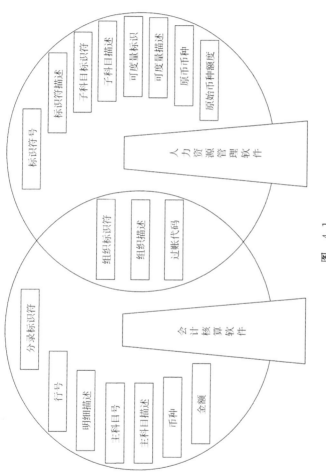

图 4.1

会计核算软件中与应付职工薪酬科目相关的记账凭证数据都打上 XBRL GL 标记后，人力资源管理软件以及其他应用系统就可以"读懂"这些标准化的记账凭证数据；人力资源管理软件中与职工薪酬相关的明细数据都打上 XBRL GL 标记后，会计核算软件以及其他应用系统也可以"读懂"这些标准化的职工薪酬明细数据。

组织标识符、组织描述和过账代码这三个 XBRL GL 标记是会计核算软件与人力资源管理软件共有的标准化数据，也就是这两部分数据的交集。通过这三个 XBRL GL 标记的关联，或者按照标识符号对职工维度汇总，或者按照子科目标识符对部门维度汇总，或

者按照 可度量标识 对薪酬项目维度汇总,统计对应会计期间的职工薪酬明细数据,就可以从人力资源管理软件自动生成应付职工薪酬科目记账凭证数据。通过这三个 XBRL GL 标记的关联,还可以从会计核算软件向下钻取,查看应付职工薪酬科目记账凭证数据是由哪些职工薪酬明细数据构成的,满足相关的审计需要。

对于企业外部的社保、审计、税务等机构,职工薪酬数据的标准化具有更广阔的应用空间。比如,税务机构的个人所得税征缴系统"读懂"企业的职工薪酬明细数据,就可以实现自动扣缴功能,不仅提高征缴工作效率,也增加了个人所得税数据的透明度。再比如,社保机构的社保申报系统"读懂"企业的职工薪酬明细数据，就可以实现自动申报，不仅提高办理效率，也增加了社保数据的透明度。

当企业普遍采用职工薪酬数据的 XBRL GL 标准，社保申报系统、税务征缴系统、外部审计系统可以从单一的数据来源及时地采集到标准化的数据，形成规模效应。显然，这种类型的 XBRL GL 应用具有更显著的社会价值。

第五章 "全球账簿"之路

一、全球性的标准

XBRL GL 中的 GL 不是英文会计术语 General Ledger（总分类账）的缩写，因为

XBRL GL 不只是用来处理会计账簿"那点事儿"的。XBRL GL 中的 GL 是 Global Ledger（全球账簿）的缩写，表明这项标准可以处理任何交易级的财务和非财务信息。XBRL GL 标准走过了一条不断完善的发展道路，逐步实现了从标准内容到标准应用的全球化，成长为不同应用系统之间数据交换的重要枢纽。

活字印刷术使用的字模经历了从泥活字，到木活字，再到铜活字、铅活字的演进。类似地，从 XBRL GL 首次发布至今的十几年里，标准也经过了多次升级，日臻完善。2002 年 4 月，XBRL 国际组织发布了 XBRL GL 1.0 版标准，其中只定义了 51 种 XBRL GL 标记。2003 年、2005 年、2007 年、2010 年 XBRL GL 标准又数次更新。2015 年 6 月，最新发布的多

语言版 XBRL GL 标准共定义 XBRL GL 标记
428 种,并附有完整的中文标签。这样一来,当
我们浏览 XBRL GL 格式的原始交易信息时,
只要选择"中文"语种标签,就可以看到打上中
文 XBRL GL 标记的标准化数据了,极大地方
便了中国用户。

二、全球性的应用

随着 XBRL GL 标准的持续演进,许多国
家的政府部门、企业、团体纷纷投身到这场标
准化潮流之中,把自身的信息化标准化需求与
XBRL GL 紧密地联系在一起。下面分别介绍
土耳其税务部门、日本富士通集团以及美国注

册会计师协会的应用案例。

　　土耳其税务当局隶属于土耳其财政部,主要职责就是征收税款造福社会,简化税制强化合规,为纳税人提供优质服务。税务当局采用 XBRL GL 作为电子记账数据归档的法定格式。结合电子签名技术,土耳其将 XBRL GL 标准用于跨审计报告供应链的全面审计跟踪。这条供应链从最初的交易到最终的报告,跨越了全部企业资源计划(ERP)应用。如今,为满足监管机构的要求,在土耳其的许多全球知名企业、财富五百强企业都开始把 XBRL GL 纳入到自己的报告系统。

　　日本富士通集团在全球拥有近百个软件应用系统,系统之间的接口就有一千多个。整个应用软件体系的层级非常复杂,随时都在生成和保存大量的业务数据。其中,富士通订单控制系统(FOCS)是整个集团所有运营的核心,包含上百万个产品代码主文件,每年处理数百亿美元的订单。富士通集团在改造这个订单控制系统过程中,采用了 XBRL GL 标准框架,通过 XBRL GL 展现运营系统、业务系统和会计系统的底层明细数据,支持对外报告以及实现与 ERP 系统集成。通过实施 XBRL GL,集团实现了明细账目单据与日记账单据之间的数据交换。在不中断日常系统的情况下,把以前系统的历史数据迁移到新系统中,使得现有的销售数据与新定制的数据都可以并存。

为了"使企业管理层、内部审计人员和外部审计人员提高分析能力,进而提高审计过程的及时性和有效性",美国注册会计师协会(AICPA)开发了一种标准化审计数据模型。这套审计数据系列标准(Audit Data Standards)不仅识别出了审计工作所需的关键信息,还提供一个采用 XBRL GL 格式的通用框架。这套标准的主要内容包括数据文件定义与技术规范、数据域定义与技术规范,以及补充性问题与数据校验规则。目前,AICPA 已经发布了全套标准中的 4 项标准:基础标准、总分类账标准、订单到收款子分类账标准和采购到付款子分类账标准。AICPA 还计划陆续发布其他的子分类账标准,比如,存货、固定资产,等等。微软公司已经与 AICPA 合作开发了一个系统,展示如何遵循审计数据系列标准,通过微软 ERP 系统中数据的标准化,实现与审计人员共享数据。

此外,巴西、芬兰、中国也在不同的会计领域采用 XBRL GL 字模,编写统一的会计语言读物,推动了 XBRL GL 的全球化应用进程。

三、案例详解

本节我们介绍美国马里兰州注册会计师协会应用 XBRL GL 的情况。

马里兰州位于美国东海岸中部。该州的注册会计师协会管理着近万家会员,是一家规模不算大的非营利机构。协会的日常运作主要依赖两个软件系统,一个是协会管理系统

AM. net,另一个是微软公司开发的 Dynamics 会计系统。AM. net 系统保存着现金支付、协会项目以及项目作业成本明细数据,其中包括项目参加者、项目类别(比如,是研讨还是会议)、每个分录的总分类账科目号、日记账分录描述。Dynamics 系统保存着权责发生制的会计分录、应收账款和预算数据。此外,协会还有一个关键绩效指标(Key Performance Indicator,KPI)系统。KPI 系统面向协会管理层和基层员工,包括一系列 Excel 工作表,通过财务数据的可视化来提高组织的绩效。

每次运行 KPI 系统,用户都要先从 AM. net 系统和 Dynamics 系统分别提取这两种专有格式的财务信息,经过处理后再填写到 KPI 系统的 Excel 工作表。这是一项相当费力的手工活儿,挤占了协会挖掘与分析数据的时间。结果,协会只能每个季度运行一次 KPI 系统,进行"财务记分卡"分析。而且,只有在财务报告生成很长一段时间之后,才能使用 KPI 系统的分析功能。

为了改变这种被动的工作状况,马里兰州注册会计师协会把 XBRL GL 当作"粘合剂"——利用数据映射工具软件,把 AM. net 系统和 Dynamics 系统的交易级明细数据统一映射到 XBRL GL 标准上,转化成单一的数据源。在每天晚上特定的时间,协会运行数据映射软件,给两个系统中记录的会计信息打上 XBRL GL 标记,自动生成计算机可读的 XBRL GL 格式的数据。图 5.1 是协会使用的数据映射软件截图。

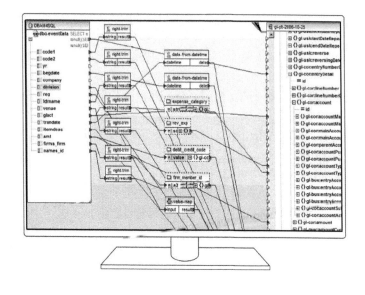

图　5.1

　　图中左侧是专有格式的会计信息结构,右侧是开放的 XBRL GL 标记。协会工作人员就是使用这样的图形化操作界面,拖拖拽拽地把会计信息与 XBRL GL 标记连接起来,轻松完成数据映射。

　　生成的这些 XBRL GL 格式的交易信息是基于开放标准的,因此可以作为统一的数据源,供协会不同的部门、不同的应用系统共享使用。比如,把 XBRL GL 格式的数据直接映射转化到 KPI 系统,实现 Excel 工作表的自动化填写。现在,协会每个月都能运行 KPI 系统,保证及时地审查财务数据、分发财务数据、开展图形化分析。另外,协会还利用这些XBRL GL 格式的数据,生成向美国证券交易委员会(Securities and Exchange Commission,SEC)报送的 US-GAAP 标准财务报告,以及向国税局报送的 Form 990 组织税务报表。图 5.2 是协会的 XBRL GL 应用示意图。

基于开放的 XBRL GL 标准,通过创建单一的会计数据源,显著提高了协会工作效率、提升了决策水平,还节省了成本。马里兰州注

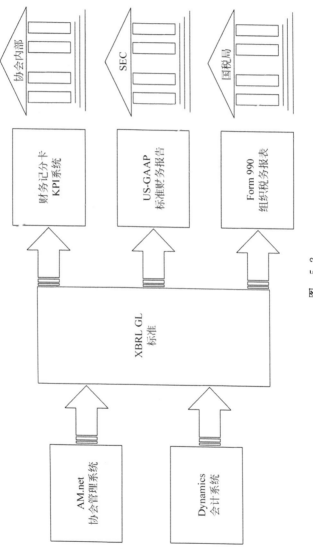

图 5.2

册会计师协会为小型非营利组织树立了一个XBRL GL 应用的标杆：任何组织都可以更快、更可靠地获取财务数据，不仅能降低运营成本、提高组织透明度，还能使组织将更多的精力投向数据挖掘和分析工作。

第六章　跨海大桥

　　在活字印刷中，印刷不同的文章，往往会重复使用同一个字模。有些字还会多次出现在同一篇文章的不同词句之中。XBRL GL 数据同样能够以不同汇总数据的面目出现在多份财务报告之中——企业的同一笔交易明细数据通过不同层级、不同口径进行汇总，呈现在不同的财务报告中。这些财务报告往往是根据不同管理部门的统计报告要求,由企业编制生成的。

第三章讲过,通过给原始交易信息打上XBRL GL 标记,可以实现原始交易明细数据的标准化,把交易信息装进"集装箱"。但企业内部、外部的财务报告不是直接展现这些明细数据的,财务报告数据的颗粒度与原始交易不同,要粗很多——往往是大量原始交易金额的合计值。明细数据与汇总数据就像两座岛屿,还需要跨海大桥把它们连接起来。谁能当此"桥梁"? 答案还是 XBRL GL。XBRL GL 标准里有一组 XBRL GL 标记,专门用于在明细交易数据与汇总报告数据之间建立联系,搭建贯通原始交易与汇总数据的"桥梁"。

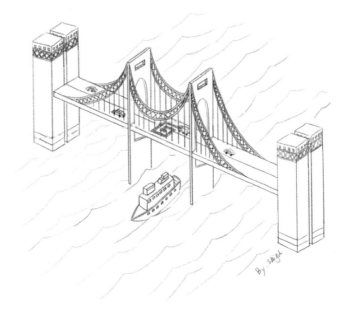

　　XBRL GL 标记可以分为两大类：一大类
用于实现交易明细数据标准化，占全部标记的
大多数。我们在前面的章节中介绍的都属于
这类标记。另一大类 XBRL GL 标记有几十
个，可归成一个组，不妨称为"桥梁"组。凭借
这两类 XBRL GL 标记，不仅可以实现原始交
易信息的标准化，还提供了桥接明细数据与汇
总数据的机制。

　　下面我们以商业银行编制并报送的两份
外部财务报告为例，说明不同的汇总报告之间
统计口径的差异。

　　先说第一份外部报告：财政部门要求商业
银行每年报送"银行财务报告"。这份报告包
含若干张报表，其中一张是"合并资产负债
表"，反映商业银行在报告时间点上资产、负

债、所有者权益的分布状况。在"合并资产负债表"中，需要商业银行报告"活期存款"的期末余额和年初余额。"活期存款"项目发生额是银行所有"个人活期存款"交易与"单位活期存款"交易金额的合计。因此，在统计年度期间，银行处理的每一笔活期存款交易的金额，都会影响"银行财务报告"中"活期存款"项目的期末余额。

假定商业银行已经给存款交易明细数据打上了 XBRL GL 标记，形成 XBRL GL 格式的原始交易数据，比如，主科目号（20110101 个人活期存款）、金额（500000）、过账日期（2015-01-04）。

为了在明细交易数据与"银行财务报告"的汇总数据之间建立关联，商业银行还需要为存

款交易数据再打上一些属于"桥梁"组的 XBRL
GL 标记。比如,用 汇总报告分类标准标识符
标记把这笔交易汇总到哪一种外部报告,这里
是财政部门的"银行财务报告"; 用
汇总报告元素 标记这笔交易汇总到外部报告
中的哪一个项目,这里是合并资产负债表的
"活期存款"项目。经过这番处理,计算机会读
取 XBRL GL 格式的交易数据,提取出在报告
期间内与某个汇总报告项目相关的所有原始
交易信息,合计这些交易的金额即可计算出报
告项目对应的数值额度,自动地生成"银行财
务报告"。

　　再说另一份外部报告:银行监管部门要求
商业银行每月报送"银行监管报表"。这份报
告也包含若干张报表,其中一张是"资产负债

项目统计表",反映商业银行在报告日的财务状况,并按照资产、负债和所有者权益分类分项列示。在"资产负债项目统计表"中,"储蓄存款"项目反映商业银行吸收的个人存款,其发生额是"个人活期存款"交易与"个人定期存款"交易金额的合计。在统计月度期间,商业银行的每一笔储蓄存款交易的金额,都会影响"银行监管报表"中"储蓄存款"项目的额度。

这时,商业银行可以直接重复利用那些已经打上 XBRL GL 标记的存款交易明细数据,只需再打上一些属于"桥梁"组的 XBRL GL 标记,就可以自动汇总计算出"银行监管报表"数据。仍以 2015 年 1 月 4 日那笔 500000 元的个人活期存款交易为例,新的 XBRL GL "桥梁"标记包括:汇总报告分类标准标识符(银行监管报表)、汇总报告元素(储蓄存款)。

　　在上边两个示例中,我们给同一笔原始交易打上了两套汇总报告分类标准标识符与汇总报告元素标记。这就像从"银行交易明细数据岛"搭建起两座桥,分别连通到"财政部门年报岛"和"银行监管部门月报岛"。这样一来,XBRL GL 格式的原始交易数据不仅可以同时、自动地汇总生成两份(甚至更多份)外部财务报告(或内部管理报告),减轻企业多头报送的负担,也凭借"数出一门"保证了外部报告数据的一致性,实现原始交易数据"资源共享"。图 6.1 是应用"桥梁"组 XBRL GL 标记,同时满足财政部门和银行监管部门报告需要的示意图。

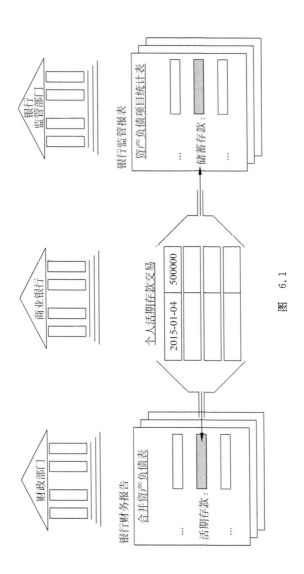

图 6.1

从上面两份外部财务报告还可以看出，财政部门、银行监管部门各取所需，报告期间是不一样的，一份是年报，另一份是月报。报告项目的统计口径也不同，一份是统计活期存款额度，涉及个人活期存款交易和单位活期存款交易；另一份是统计储蓄存款额度，涉及个人活期存款交易，还涉及个人定期存款交易。因此，单从两份报告的内容，难以实现二者的汇总数据之间的可比性。不过，在 XBRL GL 跨海大桥上，运输集装箱的车辆行驶的不是单行路，而是双向车道——利用 XBRL GL 的桥接机制，不光可以从存款交易明细数据"向上汇总"到外部报告的报告项目，还可以从外部报告的汇总数据"向下钻取"到相关原始存款交易的数据源头。这样，XBRL GL 为外部监管部门和内部管理层提供了追溯数据来源的利器，可以有效地增强数据透明度，提高决策水平。

第七章　管理会计的利器

标准的理念再好，没有应用也无济于事。有良好应用前景的标准才是好标准。打上 XBRL GL 标记将会计信息装进了标准化的集装箱后，还需要装载运输这些集装箱的交通工具，也就是 XBRL GL 的应用。管理会计是会计信息应用的广阔领域之一，是装运 XBRL

GL 标准化数据的远洋轮。搭上管理会计应用的巨轮,XBRL GL 标准将会航行得更远。

管理会计是会计的一个重要分支,主要服务于企业内部管理的需要。管理会计是通过利用相关信息,有机融合财务与业务活动,在企业的规划、决策、控制和评价等方面发挥重要作用的管理活动。有一种简单的说法:管理会计就是为"管理"服务的"会计"。

在管理会计领域,凭借 XBRL GL 标记的内在特性,XBRL GL 标准在非财务信息标准化、会计与业务融合、多维度价值衡量方面都具有与生俱来的优势,应用潜力巨大。

一、非财务

加强管理会计应用,既需要及时信息甚至实时信息,让决策者能够随时掌握企业当前的状况,也需要财务信息和非财务信息集中在一起,以开展有效整合和科学分析,实现会计与业务活动的有机融合。

怎么区分财务信息和非财务信息呢?财务信息是指以货币形式的数据资料为主,结合其他资料,用来表明企业资金运作的状况及其特征的经济信息。非财务信息是与财务信息相对而言的。非财务信息是指以非财务资料形式出现与企业的生产经营活动有着直接或间接联系的各种信息资料。比如,企业在制定标准成本时,所需要的数据不仅包括材料价格、人工工资、制造费用等财务信息,还包括材料数量、小时工资率和标准工时等非财务数据。要获取这些数据,不仅涉及财务部门,还涉及人事部门、采购部门、生产车间等。

利用 XBRL GL 标准实现原始交易明细信息标准化时,不仅可以给财务数据打上 XBRL GL 标记,还可以给非财务数据打上 XBRL GL 标记。下面介绍几组专为非财务数据准备的 XBRL GL 标记。

1. "标识符"组 XBRL GL 标记

在全部 XBRL GL 元素构成的这棵大树

上，有一根树枝是 XBRL GL 标记 标识符参考结构。在这根树枝上还生出了许多树叶和更细的树枝，这些 XBRL GL 标记归成一组，取个名字叫"标识符"组 XBRL GL 标记。

在 XBRL GL 标准里，"标识符"是一个抽象的称呼，标记起来非常灵活。使用这组 XBRL GL 标记，既可以标记内部的员工、销售人员，也可以标记外部的客户、供应商、承包商，还可以标记诸如税务局这样的外部管理机构。以客户信息为例，XBRL GL 标记 标识符类型固定为 C（客户），表示这根树枝上都是描述客户相关信息的 XBRL GL 标记，比如，用 标识符描述 描述客户名称，用标识符国家、标识符城市、标识符街道等描述客户的地址。

2. "可度量"组 XBRL GL 标记

除了交易金额之外,管理会计还会用到大量非财务量化数据,比如,工时、生产材料数量、订货量、库存量、固定资产折旧率。为此,XBRL GL 标记大树上有一根可度量结构树枝。在这根树枝上又生出十几片树叶,组成"可度量"组 XBRL GL 标记。比如,要给客户发票信息打标记,就会用到几个"可度量"组标记,可度量描述标记采购商品的名称,可度量数量标记采购数量,可度量单位标记商品的计量单位，可度量单位成本/价格标记采购商品的单价。

显然，"可度量"组 XBRL GL 标记可以支持企业提高定量化管理水平，进而有助于企业搭建精细化的管理会计平台。

3. "作业"组 XBRL GL 标记

根据 XBRL GL 标记 子科目类型 的定义，子科目的类型可以是"责任中心、业务单位、等级、部门、项目、基金、计划、作业、利润中心、分支机构、设置等级、分部、单位"。

为了提供更多作业核算相关的信息，XBRL GL 标准提供一组"作业"标记。这些 XBRL GL 标记直观易用，包括 作业标识符 、作业描述、作业阶段、作业阶段描述。跟一个简单的作业号比起来,这些"作业"组 XBRL GL 标记可以将作业进一步细分,允许有更多的统计维度,满足更精细、更全面的分析要求。

4. "原始文件"组 XBRL GL 标记

原始凭证是在交易发生时,由经办人员填制、取得的。原始凭证是原始交易的重要凭据,种类繁多,有支票、发票、订单、催缴单,等等。此外,企业还可以自制原始凭证,比如,内部的入库单、出库单。有一组 XBRL GL 标记专门用来描述这些原始单据,称为"原始文件"组标记,比如,原始文件类型、原始文件号、文件日期、接收日期。

在这组 XBRL GL 标记里，原始文件位置 既可以标记纸质单据存档的实际位置，比如，"3 号楼 303 房间 3 号文件柜最下面的抽屉"，也可以标记电子单据所在的虚拟位置，比如，"c:\docMgmt\4＄5％68.doc"，甚至可以记录单据的正文。如果给原始交易打上 原始文件位置 标记，审计跟踪会更加便捷、高效。

再来看一个员工工作时间表的实例。这是一个展示综合使用上述"标识符"组、"可度量"组、"作业"组和"原始文件"组 XBRL GL 标记，实现非财务数据标准化的实例。标识符类型 固定为 E(员工)，表示这根树枝上都是描述员工相关信息的 XBRL GL 标记：

标识符号 标记员工号；标识符描述 标记员工姓名；可度量限定符 标记员工的作业内容；可度量数量 与 度量单位 组合在一起标记作业时长；可度量起始时间、可度量终止时间 分别标记作业的起止时间；作业标识符 标记该作业的编号；用 原始文件号、文件日期、原始文件位置 标记工时卡片的信息，包括原始卡片的归档存放位置。

遵循 XBRL GL 标准，既可以为财务数据打上标记，又可以为非财务数据打上标记，还可以为原始交易涉及的财务数据与非财务数据同时打上 XBRL GL 标记。所以说，XBRL GL 标准是运营系统、业务系统和会计系统之间进行数据交换，实现数据集成的有效手段。

二、多维度

除了"非财务"这个关键词,在管理会计领域还有一个关键词——"多维度"。成熟的管理会计体系通过责任中心体系的搭建,将逐笔业务的收入和成本与机构、客户、产品等维度建立起有机衔接,使企业能够实现多维度的全面价值评估,提升精细化管理水平。

所谓维度,就是分析的主体或对象,就像经过球心的一个切面。在企业经营管理过程中,各级管理者往往需要多视角考虑问题,也就是从多个角度对管理对象进行具体分析,每一个角度就是一个分析维度。比如,渠道是商业银行对外营业的途径,可分为柜台、网络银行、POS、电话银行、自助银行等。渠道就是商业银行进行盈利核算与分析的一个维度。商业银行常用的其他维度还有机构、业务线、客户、产品、行业、期限、币种等。

XBRL GL 标准全面支持原始交易信息的多维度分析。有一些 XBRL GL 标记本身就是一个维度,比如,原始文档类型把原始交易所依据的文档划分成支票、借项通知单、贷项通知单、发票、客户订单、供应商订单、催缴单、本票、装运单、手工调整单等,体现了 XBRL GL 自身的维度划分标准。另一些 XBRL GL 标记则直接遵循更权威的维度划分标准。根据 XBRL GL 标准的定义,币种标记应遵循 ISO 4217 国际编码标准,每种货币都有唯一的代码表示,比如,美元是 USD,人民币是 CNY,欧元是 EUR。分析维度的标准化不仅有利于企业内部分析使用,更有利于进行跨企业的对比分析。

管理会计是为单位自身服务的,采用的程序与方法往往灵活多样,具有较大的可选择性。现有的维度不可能穷举管理会计的所有分析角度,企业往往根据经营管理的需要和数据情况进一步扩展分析维度。就像经过球心的球面一样,可以从各个不同角度切入,形成无数个圆形切面。

如果要新增维度定义,那么,诸如"标识符"组、"可度量"组这样的抽象 XBRL GL 标记就大有用武之地了。"标识符"组 XBRL GL 标记不仅可以描述客户、员工等现有的维度信

息，还可以灵活地描述未来扩展的分析维度：用 标识符号 标记新维度的编号，用 标识符类别 标记新维度的名称，用 标识符描述 标记新维度的具体选项。这样，一个标准化的新维度就定义完成了。

以商业银行为例，只有全面掌握客户的优势劣势，制定有针对性的客户发展策略，才能在营销时更加有的放矢，改善工作效果。比如，要进行客户盈利情况分析，就必须了解有哪几类客户？哪类客户的利润贡献最大？哪类客户的回报率最高？这些都要从客户这个维度深入地分析。给原始交易信息打上 XBRL GL 标记之后，管理会计系统就好比拥有了一个多维度数据魔球，能够通过自由变换维度的组合方式,满足不同的分析需求。

利用多维度数据分析技术,可以对大量 XBRL GL 数据从多角度进行查询、统计和分析,并以直观的形式将结果展示给用户。多维度数据分析通常采用便于非数据处理专业人员理解的方式展示数据,比如统计图形、报表等。图 7.1 是美国马里兰州注册会计师协会基于 XBRL GL 数据的 KPI 系统截图。

三、最佳实践

通过给原始交易信息打上 XBRL GL 标记,为管理会计应用提供了标准化和灵活性兼备的源数据。不过,这种灵活性是一柄双刃

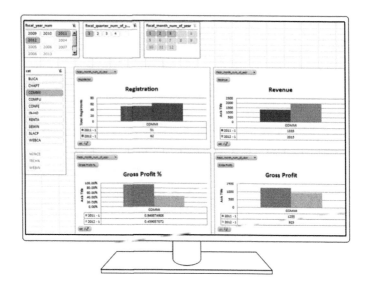

图   7.1

剑,可能让用户感觉不够直观,产生畏难情绪,反倒增加了应用的难度。好在已经有很多 XBRL GL 应用的最佳实践供参考借鉴。通过模仿和适当改造这些最佳实践,就能达到"他山之石可以攻玉"的应用效果。

这些最佳实践是一系列 XBRL GL 格式的数据文件,展示如何给典型的财务信息、非

财务信息打上 XBRL GL 标记,直观地把
XBRL GL 标准与具体的业务结合在一起呈现
出来。目前,比较有代表性的 XBRL GL 最佳
实践主要有两大类:XBRL 国际组织提供的最
佳实践和我国财政部提供的最佳实践。

XBRL 国际组织提供的最佳实践侧重于
展现 XBRL GL 标记的典型运用,包括:从明
细数据链接到汇总的财务报告、固定资产列
表、试算平衡表、客户发票、员工工时表、作业
成本的实际与预算对比报告、日记账分录、供
应商发票。

我国财政部提供的最佳实践侧重于展现
会计业务数据的标准化,包括:会计科目表、记
账凭证、科目余额与发生额账簿、应收明细、应
付明细、固定资产卡片、固定资产使用情况表、

职工薪酬记录。

XBRL GL 是一套开放的标准,读者朋友们不仅可以从互联网上免费下载最新的 XBRL GL 标准,还可以免费获取最佳实践的数据文件。下载后,就可以利用免费开源的软件工具,直观地浏览、学习 XBRL GL 标准以及 XBRL GL 数据文件。图 7.2 是 XBRL GL 数据浏览软件的截图。

给原始交易打上 XBRL GL 标记,相当于将明细数据装进了集装箱;基于标准化 XBRL GL 格式开发丰富的管理会计应用,相当于把这些集装箱装上轮船、汽车、火车、飞机,通过海、陆、空通道从这座岛屿运抵海的那头。这就是"孤岛不孤,四通八达"的信息化乐园。

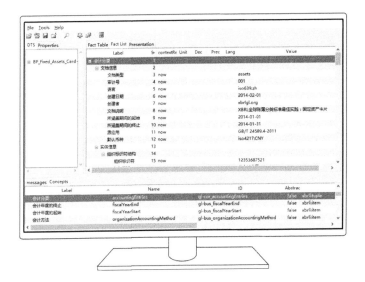

图 7.2

附录　XBRL GL 标记一览表

　　2015 年 6 月，XBRL 国际组织发布了最新的多语言版 XBRL GL 标准。下面这张表罗列出这套标准的 XBRL GL 标记名称、中文标签和标记的级别。

XBRL GL 标记名称	中文标签	级别
gl-cor: accountingEntries	会计分录	1
gl-cor: documentInfo	文档信息	2
gl-cor: entriesType	文档类型	3
gl-cor: uniqueID	审计号	3
gl-cor: revisesUniqueID	修改前的审计号	3
gl-cor: revisesUniqueIDAction	对以往数据采取的举措	3
gl-cor: language	语言	3
gl-cor: creationDate	创建日期	3
gl-bus: creator	创建者	3
gl-cor: entriesComment	文档说明	3
gl-cor: periodCoveredStart	所涵盖期间的起始	3
gl-cor: periodCoveredEnd	所涵盖期间的终止	3
gl-bus: periodCount	期间数	3
gl-bus: periodUnit	期间单位	3
gl-bus: periodUnitDescription	期间单位描述	3
gl-bus: sourceApplication	源应用	3
gl-bus: targetApplication	目标应用	3

续表

XBRL GL 标记名称	中文标签	级别
gl-muc: defaultCurrency	默认币种	3
gl-srcd: summaryReportingTaxonomies	汇总报告分类标准结构	3
gl-srcd: summaryReportingTaxonomyID	汇总报告分类标准标识符	4
gl-srcd: summaryReportingTaxonomySchemaRefHref	汇总报告分类标准 schemaRef Href	4
gl-srcd: summaryReportingTaxonomyHeader	汇总报告分类标准标头	4
gl-srcd: summaryReportingTaxonomyDescription	汇总报告分类标准描述	4
gl-cor: entityInformation	实体信息	2
gl-bus: entityPhoneNumber	实体电话号码结构	3
gl-bus: phoneNumberDescription	实体电话号码描述	4
gl-bus: phoneNumber	实体电话号码	4
gl-bus: entityFaxNumberStructure	实体传真号码结构	3
gl-bus: entityFaxNumberUsage	实体传真号码用途	4
gl-bus: entityFaxNumber	实体传真号码	4
gl-bus: entityEmailAddressStructure	实体电子邮件地址结构	3
gl-bus: entityEmailAddressUsage	实体电子邮件地址用途	4
gl-bus: entityEmailAddress	实体电子邮件地址	4

续表

XBRL GL 标记名称	中文标签	级别
gl-bus：organizationAccountingMethodPurposeDefault	默认会计方法目的	3
gl-bus：organizationAccountingMethodPurposeDefaultDescription	默认会计方法目的描述	3
gl-bus：organizationIdentifiers	组织标识符结构	3
gl-bus：organizationIdentifier	组织标识符	4
gl-bus：organizationDescription	组织描述	4
gl-bus：organizationAddress	组织地址结构	3
gl-bus：organizationAddressName	组织地址名称	4
gl-bus：organizationAddressDescription	组织地址描述	4
gl-bus：organizationAddressPurpose	组织地址目的	4
gl-bus：organizationAddressLocationIdentifier	组织位置标识符	4
gl-bus：organizationBuildingNumber	组织建筑物门牌号	4
gl-bus：organizationAddressStreet	组织街道	4
gl-bus：organizationAddressStreet2	组织详细地址	4
gl-bus：organizationAddressCity	组织城市	4
gl-bus：organizationAddressStateOrProvince	组织州或者省	4
gl-bus：organizationAddressZipOrPostalCode	组织邮政编码	4

续表

XBRL GL 标记名称	中文标签	级别
gl-bus: organizationAddressCountry	组织国家	4
gl-bus: organizationAddressActive	组织地址有效性	4
gl-bus: entityWebSite	实体网站结构	3
gl-bus: webSiteDescription	网站描述	4
gl-bus: webSiteURL	网站统一资源定位地址	4
gl-bus: contactInformation	联系方式信息	3
gl-bus: contactPrefix	联系方式尊称	4
gl-bus: contactLastName	联系方式姓氏	4
gl-bus: contactFirstName	联系方式名字	4
gl-bus: contactSuffix	联系方式后缀	4
gl-bus: contactAttentionLine	联系方式经办人	4
gl-bus: contactPositionRole	联系方式职位/职务	4
gl-bus: contactPhone	联系电话号码结构	4
gl-bus: contactPhoneNumberDescription	联系电话号码描述	5
gl-bus: contactPhoneNumber	联系电话号码	5
gl-bus: contactFax	联系传真号码结构	4

续表

XBRL GL 标记名称	中文标签	级别
gl-bus：contactFaxNumberUsage	联系传真号码用途	5
gl-bus：contactFaxNumber	联系传真号码	5
gl-bus：contactEMail	联系电子邮件地址结构	4
gl-bus：contactEmailAddressUsage	联系电子邮件地址用途	5
gl-bus：contactEmailAddress	联系电子邮件地址	5
gl-bus：contactType	联系方式的角色	4
gl-bus：contactLocationIdentifierCrossReference	联系方式位置标识符交叉引用	4
gl-bus：contactActive	联系方式有效性	4
gl-bus：businessDescription	业务描述	3
gl-bus：fiscalYearStart	会计年度的起始	3
gl-bus：fiscalYearEnd	会计年度的终止	3
gl-bus：organizationAccountingMethodStructure	会计方法结构	3
gl-bus：organizationAccountingMethod	会计方法	4
gl-bus：organizationAccountingMethodDescription	会计方法描述	4
gl-bus：organizationAccountingMethodPurpose	会计方法目的	4
gl-bus：organizationAccountingMethodPurposeDescription	会计方法目的描述	4

续表

XBRL GL 标记名称	中文标签	级别
gl-bus: organizationAccountingMethodStartDate	会计方法起始日期	4
gl-bus: organizationAccountingMethodEndDate	会计方法终止日期	4
gl-bus: accountantInformation	会计人员信息	3
gl-bus: accountantName	会计人员姓名	4
gl-bus: accountantAddress	会计人员地址结构	4
gl-bus: accountantAddressName	会计人员地址名称	5
gl-bus: accountantAddressDescription	会计人员地址描述	5
gl-bus: accountantAddressPurpose	会计人员地址目的	5
gl-bus: accountantAddressLocationIdentifier	会计人员位置标识符	5
gl-bus: accountantBuildingNumber	会计人员建筑物门牌号	5
gl-bus: accountantStreet	会计人员街道	5
gl-bus: accountantAddressStreet2	会计人员详细地址	5
gl-bus: accountantCity	会计人员城市	5
gl-bus: accountantStateOrProvince	会计人员州或者省	5
gl-bus: accountantCountry	会计人员国家	5
gl-bus: accountantZipOrPostalCode	会计人员邮政编码	5

续表

XBRL GL 标记名称	中文标签	级别
gl-bus: accountantAddressActive	会计人员地址有效性	5
gl-bus: accountantEngagementType	聘用类型	4
gl-bus: accountantEngagementTypeDescription	聘用类型描述	4
gl-bus: accountantContactInformation	会计人员联系方式信息	4
gl-bus: accountantContactPrefix	会计人员尊称	5
gl-bus: accountantContactLastName	会计人员姓氏	5
gl-bus: accountantContactFirstName	会计人员名字	5
gl-bus: accountantContactSuffix	会计人员后缀	5
gl-bus: accountantContactAttentionLine	会计人员经办人	5
gl-bus: accountantContactPositionRole	会计人员职位/职务	5
gl-bus: accountantContactPhone	会计人员联系电话号码结构	5
gl-bus: accountantContactPhoneNumberDescription	会计人员联系电话号码描述	6
gl-bus: accountantContactPhoneNumber	会计人员联系电话号码	6
gl-bus: accountantContactFax	会计人员联系传真号码结构	5
gl-bus: accountantContactFaxNumber	会计人员联系传真号码	6
gl-bus: accountantContactFaxNumberUsage	会计人员联系传真号码用途	6

续表

XBRL GL 标记名称	中文标签	级别
gl-bus: accountantContactEmail	会计人员联系电子邮件地址结构	5
gl-bus: accountantContactEmailAddressUsage	会计人员联系电子邮件地址用途	6
gl-bus: accountantContactEmailAddress	会计人员联系电子邮件地址	6
gl-bus: accountantContactType	会计人员联系类型	5
gl-bus: accountantLocationIdentifierCrossReference	会计人员位置标识符交叉引用	5
gl-bus: accountantContactActive	会计人员联系有效性	5
gl-bus: reportingCalendar	报告日历结构	3
gl-bus: reportingCalendarCode	报告日历代码	4
gl-bus: reportingCalendarDescription	报告日历描述	4
gl-bus: reportingCalendarTitle	报告日历标题	4
gl-bus: reportingCalendarPeriodType	与期间类型相关的代码	4
gl-bus: reportingCalendarPeriodTypeDescription	期间描述	4
gl-bus: reportingCalendarOpenClosedStatus	关闭状态	4
gl-bus: reportingPurpose	报告目的	4
gl-bus: reportingPurposeDescription	报告目的描述	4
gl-bus: reportingCalendarPeriod	报告日历期间结构	4

续表

XBRL GL 标记名称	中 文 标 签	级别
gl-bus：periodIdentifier	报告期间标识符	5
gl-bus：periodDescription	期间描述	5
gl-bus：periodStart	期间起始日期	5
gl-bus：periodEnd	期间终止日期	5
gl-bus：periodClosedDate	期间关闭日期	5
gl-cor：entryHeader	分录信息	2
gl-cor：postedDate	分录过账日期	3
gl-cor：enteredBy	分录创建人	3
gl-bus：enteredByModified	分录最后修改人	3
gl-cor：enteredDate	分录日期	3
gl-bus：entryResponsiblePerson	负责人	3
gl-cor：sourceJournalID	源日记账	3
gl-bus：sourceJournalDescription	日记账描述	3
gl-cor：entryType	类型标识符	3
gl-bus：entryOrigin	分录起源	3
gl-cor：entryNumber	分录标识符	3

续表

XBRL GL 标记名称	中文标签	级别
gl-cor: entryComment	分录描述	3
gl-cor: qualifierEntry	分录限定符	3
gl-cor: qualifierEntryDescription	分录限定符描述	3
gl-bus: postingCode	过账代码	3
gl-bus: batchID	分录组的批量标识符	3
gl-bus: batchDescription	批量描述	3
gl-bus: numberOfEntries	分录数	3
gl-bus: totalDebit	借项合计	3
gl-bus: totalCredit	贷项合计	3
gl-cor: bookTaxDifference	记账与纳税之间差异的类型	3
gl-bus: eliminationCode	抵消代码	3
gl-bus: budgetScenarioPeriodStart	预算情境期间起始	3
gl-bus: budgetScenarioPeriodEnd	预算情境期间终止	3
gl-bus: budgetScenarioText	预算情境描述	3
gl-bus: budgetScenario	预算情境代码	3
gl-bus: budgetAllocationCode	预算分配代码	3

续表

XBRL GL 标记名称	中文标签	级别
gl-usk: reversingStdId	转回分录、标准分录或者主分录的标识符	3
gl-usk: recurringStdDescription	经常性标准描述	3
gl-usk: frequencyInterval	频度间隔	3
gl-usk: frequencyUnit	频度单位	3
gl-usk: repetitionsRemaining	重复保持	3
gl-usk: nextDateRepeat	下一次重复日期	3
gl-usk: lastDateRepeat	上一次重复日期	3
gl-usk: endDateRepeatingEntry	重复分录的终止日期	3
gl-usk: reverse	转回与否	3
gl-usk: reversingDate	转回日期	3
gl-cor: entryNumberCounter	分录号计数器	3
gl-cor: entryDetail	分录明细	3
gl-cor: lineNumber	行号	4
gl-cor: lineNumberCounter	行号计数器	4
gl-cor: account	科目标识符	4

续表

XBRL GL 标记名称	中文标签	级别
gl-cor: accountMainID	主科目号	5
gl-cor: accountMainDescription	主科目描述	5
gl-cor: mainAccountType	科目分类	5
gl-cor: mainAccountTypeDescription	科目分类描述	5
gl-cor: parentAccountMainID	父级科目号	5
gl-cor: accountPurposeCode	科目目的	5
gl-cor: accountPurposeDescription	科目目的描述	5
gl-cor: accountType	科目类型	5
gl-cor: accountTypeDescription	科目类型描述	5
gl-bus: entryAccountingMethod	分录会计方法	5
gl-bus: entryAccountingMethodDescription	分录会计方法描述	5
gl-bus: entryAccountingMethodPurpose	分录会计方法目的	5
gl-bus: entryAccountingMethodPurposeDescription	分录会计方法目的描述	5
gl-cor: accountSub	子科目信息	5
gl-cor: accountSubDescription	子科目描述	6
gl-cor: accountSubID	子科目标识符	6

续表

XBRL GL 标记名称	中文标签	级别
gl-cor: accountSubType	子科目类型	6
gl-cor: segmentParentTuple	分段父级信息	6
gl-cor: parentSubaccountCode	父级子科目代码	7
gl-cor: parentSubaccountType	父级子科目类型	7
gl-cor: reportingTreeIdentifier	报告树标识符	7
gl-cor: parentSubaccountProportion	父级子科目百分率	7
gl-cor: accountActive	科目有效性	5
gl-cor: amount	金额	4
gl-muc: amountCurrency	币种	4
gl-muc: amountOriginalExchangeRateDate	原始汇率日期	4
gl-muc: amountOriginalAmount	原始币种额度	4
gl-muc: amountOriginalCurrency	原始币种	4
gl-muc: amountOriginalExchangeRate	原始汇率	4
gl-muc: amountOriginalExchangeRateSource	原始汇率来源	4
gl-muc: amountOriginalExchangeRateComment	原始汇率说明	4
gl-muc: amountOriginalTriangulationAmount	以三边币种计的原始额度	4

续表

XBRL GL 标记名称	中文标签	级别
gl-muc: amountOriginalTriangulationCurrency	原始三边币种	4
gl-muc: amountOriginalTriangulationExchangeRate	本币对三边币种的汇率	4
gl-muc: amountOriginalTriangulationExchangeRateSource	本币对三边币种的汇率来源	4
gl-muc: amountOriginalTriangulationExchangeRateType	本币对三边币种的汇率类型	4
gl-muc: originalTriangulationExchangeRate	原始币种对三边币种的汇率	4
gl-muc: originalExchangeRateTriangulationSource	原始币种对三边币种的汇率来源	4
gl-muc: originalExchangeRateTriangulationType	原始币种对三边币种的汇率类型	4
gl-cor: signOfAmount	额度的符号	4
gl-cor: debitCreditCode	借项/贷项标识符	4
gl-cor: postingDate	过账日期	4
gl-bus: amountMemo	备注行	4
gl-bus: allocationCode	分配代码	4
gl-muc: multicurrencyDetail	多币种明细	4
gl-muc: multicurrencyDetailExchangeRateDate	汇率日期	5
gl-muc: amountRestatedAmount	换算额度	5
gl-muc: amountRestatedCurrency	换算额度的币种	5

续表

XBRL GL 标记名称	中 文 标 签	级 别
gl-muc: amountRestatedExchangeRate	换算额度汇率	5
gl-muc: amountRestatedExchangeRateSource	换算额度汇率来源	5
gl-muc: amountRestatedExchangeRateType	换算额度汇率类型	5
gl-muc: amountTriangulationAmount	以三边币种计的额度	5
gl-muc: amountTriangulationCurrency	三边币种	5
gl-muc: amountTriangulationExchangeRate	三边汇率	5
gl-muc: amountTriangulationExchangeRateSource	三边汇率来源	5
gl-muc: amountTriangulationExchangeRateType	三边汇率类型	5
gl-muc: restatedTriangulationExchangeRate	换算三边汇率	5
gl-muc: restatedExchangeRateTriangulationSource	换算三边汇率来源	5
gl-muc: restatedExchangeRateTriangulationType	换算三边汇率类型	5
gl-cor: multicurrencyDetailComment	多币种明细说明	5
gl-cor: identifierReference	标识符参考结构	4
gl-cor: identifierCode	(内部)标识符号	5
gl-cor: identifierExternalReference	外部机构结构	5
gl-cor: identifierAuthorityCode	外部机构标识符号	6

续表

XBRL GL 标记名称	中文标签	级别
gl-cor: identifierAuthority	外部机构	6
gl-cor: identifierAuthorityVerificationDate	外部机构核查日期	6
gl-cor: identifierOrganizationType	标识符组织类型	5
gl-cor: identifierOrganizationTypeDescription	标识符组织类型描述	5
gl-cor: identifierDescription	标识符描述	5
gl-cor: identifierType	标识符类型	5
gl-cor: identifierCategory	标识符类别	5
gl-cor: identifierEMail	标识符电子邮件地址结构	5
gl-cor: identifierEmailAddressUsage	标识符电子邮件地址用途	6
gl-cor: identifierEmailAddress	标识符电子邮件地址	6
gl-cor: identifierPhoneNumber	标识符电话号码结构	5
gl-cor: identifierPhoneNumberDescription	标识符电话号码用途	6
gl-cor: identifierPhone	标识符电话号码	6
gl-cor: identifierFaxNumber	标识符传真号码结构	5
gl-cor: identifierFaxNumberUsage	标识符传真号码用途	6
gl-cor: identifierFax	标识符传真号码	6

续表

XBRL GL 标记名称	中　文　标　签	级别
gl-bus：identifierPurpose	标识符目的	5
gl-bus：identifierAddress	标识符地址结构	5
gl-bus：identifierAddressDescription	标识符地址描述	6
gl-bus：identifierAddressPurpose	标识符地址目的	6
gl-bus：identifierBuildingNumber	标识符建筑物门牌号	6
gl-bus：identifierStreet	标识符街道	6
gl-bus：identifierAddressStreet2	标识符详细地址	6
gl-bus：identifierCity	标识符城市	6
gl-bus：identifierStateOrProvince	标识符州或者省	6
gl-bus：identifierCountry	标识符国家	6
gl-bus：identifierZipOrPostalCode	标识符邮政编码	6
gl-bus：identifierAddressLocationIdentifier	标识符地址位置标识符	6
gl-cor：identifierContactInformationStructure	标识符联系信息结构	5
gl-cor：identifierContactPrefix	标识符联系尊称	6
gl-cor：identifierContactLastName	标识符联系姓氏	6
gl-cor：identifierContactFirstName	标识符联系名字	6

续表

XBRL GL 标记名称	中文标签	级别
gl-cor: identifierContactSuffix	标识符联系后缀	6
gl-cor: identifierContactAttentionLine	标识符联系经办人	6
gl-cor: identifierContactPositionRole	标识符联系职位/职务	6
gl-cor: identifierContactPhone	标识符联系电话号码结构	6
gl-cor: identifierContactPhoneNumberDescription	标识符联系电话号码用途	7
gl-cor: identifierContactPhoneNumber	标识符联系电话号码	7
gl-cor: identifierContactFax	标识符联系传真号码结构	6
gl-cor: identifierContactFaxNumberUsage	标识符联系传真号码用途	7
gl-cor: identifierContactFaxNumber	标识符联系传真号码	7
gl-cor: identifierContactEmail	标识符联系电子邮件地址结构	6
gl-cor: identifierContactEmailAddressUsage	标识符联系电子邮件地址用途	7
gl-cor: identifierContactEmailAddress	标识符联系电子邮件地址	7
gl-cor: identifierContactType	标识符联系类型	6
gl-bus: identifierLocationIdentifierCrossReference	标识符地址位置标识符交叉引用	6
gl-cor: identifierActive	标识符有效性	5
gl-cor: documentType	原始文件类型	4

续表

XBRL GL 标记名称	中 文 标 签	级别
gl-cor: documentTypeDescription	原始文件类型描述	4
gl-cor: invoiceType	发票类型	4
gl-cor: documentNumber	原始文件号	4
gl-cor: documentApplyToNumber	应用号	4
gl-cor: documentReference	原始文件参考	4
gl-cor: documentDate	文件日期	4
gl-bus: documentReceivedDate	接收日期	4
gl-bus: documentChargeReimb	可支付或者可偿付	4
gl-bus: documentLocation	原始文件位置	4
gl-bus: paymentMethod	支付方法	4
gl-cor: postingStatus	过账状态	4
gl-cor: postingStatusDescription	过账状态描述	4
gl-cor: xbrlInfo	XBRL 信息	4
gl-cor: xbrlInclude	XBRL 分配	5
gl-cor: summaryReportingElement	汇总报告元素	5
gl-cor: detailMatchingElement	明细匹配元素	5

续表

XBRL GL 标记名称	中文标签	级别
gl-srcd: summaryTuplePath	汇总元组路径	5
gl-srcd: detailedContentFilter	明细内容过滤器	5
gl-srcd: reportingDateSelector	报告日期选择符	5
gl-srcd: summaryPrecisionDecimals	汇总精度小数结构	5
gl-srcd: summaryPrecision	汇总精度	6
gl-srcd: summaryPrecisionINF	汇总精度无穷大	6
gl-srcd: summaryDecimals	汇总小数	6
gl-srcd: summaryDecimalsINF	汇总小数无穷大	6
gl-srcd: summaryContext	汇总上下文结构	5
gl-srcd: summaryEntity	汇总实体结构	6
gl-srcd: summaryIdentifier	汇总实体标识符	7
gl-srcd: summaryScheme	汇总实体方案	7
gl-srcd: summarySegment	汇总实体分段结构	7
gl-srcd: summarySegmentExplicitDimension	汇总片段明确维度	8
gl-srcd: summarySegmentExplicitDimensionElement	汇总片段明确维度元素	9
gl-srcd: summarySegmentExplicitDimensionValue	汇总片段明确维度值	9

続表

XBRL GL 标记名称	中 文 标 签	级别
gl-srcd：summarySegmentExplicitDimensionExpressionValue	汇总片段明确维度 XPath 表达式值	9
gl-srcd：summarySegmentTypedDimension	汇总片段类型化维度	8
gl-srcd：summarySegmentTypedDimensionElement	汇总片段类型化维度元素	9
gl-srcd：summarySegmentTypedDimensionValue	汇总片段类型化维度值	9
gl-srcd：summarySegmentTypedDimensionExpressionValue	汇总片段类型化维度 XPath 表达式值	9
gl-srcd：summarySegmentSimpleElementContent	汇总片段简单元素内容	8
gl-srcd：summarySegmentSimpleElementContentElement	汇总片段简单元素	9
gl-srcd：summarySegmentSimpleElementValue	汇总片段简单元素值	9
gl-srcd：summarySegmentContents	汇总片段非维度内容	8
gl-srcd：summaryPeriod	汇总期间结构	6
gl-srcd：summaryInstant	汇总期间时点	7
gl-srcd：summaryStartDate	汇总期间起始日期	7
gl-srcd：summaryEndDate	汇总期间终止日期	7
gl-srcd：summaryForever	汇总期间永久	7
gl-srcd：summaryScenario	汇总情境结构	6
gl-srcd：summaryScenarioExplicitDimension	汇总情境明确维度	7

附录 XBRL GL 标记一览表 113

续表

XBRL GL 标记名称	中文标签	级别
gl-srcd: summaryScenarioExplicitDimensionElement	汇总情境明确维度元素	8
gl-srcd: summaryScenarioExplicitDimensionValue	汇总情境明确维度值	8
gl-srcd: summaryScenarioExplicitDimensionExpressionValue	汇总情境明确维度 XPath 表达式值	8
gl-srcd: summaryScenarioTypedDimension	汇总情境类型化维度	7
gl-srcd: summaryScenarioTypedDimensionElement	汇总情境类型化维度元素	8
gl-srcd: summaryScenarioTypedDimensionValue	汇总情境类型化维度值	8
gl-srcd: summaryScenarioTypedDimensionExpressionValue	汇总情境类型化维度 XPath 表达式值	8
gl-srcd: summaryScenarioSimpleElementContent	汇总情境简单元素内容	7
gl-srcd: summaryScenarioSimpleElementContentElement	汇总情境简单元素	8
gl-srcd: summaryScenarioSimpleElementValue	汇总情境简单元素值	8
gl-srcd: summaryScenarioContents	汇总情境非维度内容	7
gl-srcd: summaryUnit	汇总单位结构	5
gl-srcd: summaryNumerator	汇总单位分子	6
gl-srcd: summaryDenominator	汇总单位分母	6
gl-srcd: summaryReportingTaxonomyIDRef	汇总报告分类标准标识符参考	5
gl-cor: detailComment	明细描述	4

续表

XBRL GL 标记名称	中 文 标 签	级别
gl-cor: dateAcknowledged	承认日期	4
gl-cor: confirmedDate	确认日期	4
gl-cor: shipFrom	装运自	4
gl-cor: shipReceivedDate	装运/接收日期	4
gl-cor: maturityDate	到期日期	4
gl-cor: terms	支付条款	4
gl-bus: measurable	可度量量结构	4
gl-bus: measurableCode	可度量量代码	5
gl-bus: measurableCodeDescription	可度量量代码描述	5
gl-bus: measurableCategory	可度量量类别	5
gl-bus: measurableID	可度量量标识	5
gl-bus: measurableIDSchema	可度量量标识的模式	5
gl-bus: measurableIDOther	辅助可度量量标识符	5
gl-bus: measurableIDOtherSchema	辅助可度量量标识的模式	5
gl-bus: measurableDescription	可度量量描述	5
gl-bus: measurableQuantity	可度量量数量	5

续表

XBRL GL 标记名称	中文标签	级别
gl-bus: measurableQualifier	可度量限定符	5
gl-bus: measurableUnitOfMeasure	度量单位	5
gl-bus: measurableCostPerUnit	可度量单位成本/价格	5
gl-bus: measurableStartDateTime	可度量起始时间	5
gl-bus: measurableEndDateTime	可度量终止时间	5
gl-bus: measurableActive	可度量有效性	5
gl-bus: jobInfo	作业信息	4
gl-usk: jobCode	作业标识符	5
gl-usk: jobDescription	作业描述	5
gl-usk: jobPhaseCode	作业阶段	5
gl-usk: jobPhaseDescription	作业阶段描述	5
gl-usk: jobActive	作业有效性	5
gl-bus: depreciationMortgage	折旧抵押结构	4
gl-bus: dmJurisdiction	抵押管辖机构	5
gl-bus: dmMethodType	折旧方法	5
gl-bus: dmLifeLength	抵押生命期	5

XBRL GL 标记名称	中 文 标 签	级别
gl-bus: dmComment	折旧抵押描述	5
gl-bus: dmStartDate	折旧抵押起始日期	5
gl-bus: dmEndDate	折旧抵押终止日期	5
gl-bus: dmAmount	折旧抵押额度	5
gl-cor: taxes	税费信息	4
gl-cor: taxAuthority	税务机构	5
gl-cor: taxTableCode	税费报表代码	5
gl-cor: taxDescription	税费描述	5
gl-cor: taxAmount	税额	5
gl-cor: taxBasis	税额基准	5
gl-cor: taxExchangeRate	税费兑换比率	5
gl-cor: taxPercentageRate	税费百分比率	5
gl-cor: taxCode	税费类别	5
gl-cor: taxCommentExemption	税费说明/免税原因	5
gl-muc: taxAmountForeignCurrency	以外币计的税费额度	5
gl-muc: taxCurrency	税费外币	5

续表

XBRL GL 标记名称	中文标签	级别
gl-muc: taxExchangeRateDate	税费汇率日期	5
gl-muc: taxExchangeRate	税费兑换比率	5
gl-muc: taxExchangeRateSource	税费汇率来源	5
gl-muc: taxExchangeRateType	税费汇率类型	5
gl-muc: taxExchangeRateComment	税费汇率说明	5
gl-muc: taxAmountTriangulationCurrency	以三边币种计的税费额度	5
gl-muc: taxTriangulationCurrency	税费三边币种	5
gl-muc: taxTriangulationExchangeRate	税费三边币种汇率	5
gl-muc: taxTriangulationExchangeRateSource	税费三边币种汇率来源	5
gl-muc: taxTriangulationExchangeRateType	税费三边币种汇率类型	5
gl-muc: taxForeignTriangulationExchangeRate	税费外币对三边币种汇率	5
gl-muc: taxForeignTriangulationExchangeRateSource	税费外币对三边币种汇率来源	5
gl-muc: taxForeignTriangulationExchangeRateType	税费外币对三边币种汇率类型	5
gl-taf: tickingField	记号域	4
gl-taf: documentRemainingBalance	文档保留余额	4
gl-taf: uniqueConsignmentReference	唯一托运编号	4

续表

XBRL GL 标记名称	中文标签	级别
gl-taf: originatingDocumentStructure	原始文档结构	4
gl-taf: originatingDocumentType	原始文档类型	5
gl-taf: originatingDocumentNumber	原始文档号	5
gl-taf: originatingDocumentDate	原始文档日期	5
gl-taf: originatingDocumentIdentifierType	原始文档标识符类型	5
gl-taf: originatingDocumentIdentifierCode	原始文档标识符代码	5
gl-taf: originatingDocumentIdentifierTaxCode	原始文档标识符税费代码	5
gl-srcd: richTextComment	格式文本说明结构	4
gl-srcd: richTextCommentCode	格式文本说明代码	5
gl-srcd: richTextCommentDescription	格式文本说明描述	5
gl-srcd: richTextCommentContent	格式文本说明内容	5
gl-srcd: richTextCommentLocator	格式文本说明定位符	5

后记

读过这册薄薄的《XBRL GL 不神秘》之后，亲爱的读者是否觉得"孤岛不孤，四通八达"的信息化乐园就在不远处？

在《XBRL GL 精解》出版之后的 6 年里，财政部、四川长虹、上海国家会计学院、北京国家会计学院举行了多次 XBRL GL 专题讲座。在国家标准、企业应用、科研课题等领域，开展了 XBRL GL 应用探索。

《XBRL GL 精解》专业性比较强，需要读者同时具备会计和信息化两方面的知识。许多读者反映："还是感觉 XBRL GL 很神秘。"2016 年末，有幸得到财务会计专家胡永康的鼓励和指导,开始策划这本 XBRL GL 普及读物,希望本书能有助于解除读者对 XBRL GL 技术的神秘感。

清华大学出版社刘向威博士字斟句酌地审阅了书稿,提出精到的修改意见。凭着可贵的责任感,刘博士还发起了对 XBRL GL 技术便捷性的探讨。

XBRL GL 是解决"信息孤岛"问题的一种标准化数据格式。与大多数现有数据交换标准不同,XBRL GL 标准只包含四百多个抽象元素,而不是对信息化世界中大量实际业务元素的"一对一映射"。因此,应用 XBRL GL 时,需要经过恰当的元素组合,来反映信息化世界中的业务元素。

现实中,许多数据交换标准看似更"直

观"——其标准元素往往与业务元素一一对应。这就像雕版印刷——一看到雕版,就能想象印刷出的书页会是什么样。但是,如果书页的内容有修改,就不得不再重新刻制一块新的雕版。XBRL GL 元素更像活字印刷术使用的全套字模——通过字模的排列组合,可以印刷出与雕版内容相同的书页。如果书页的内容有修改,只需重新排列组合这些字模即可。虽然从活字字模难以直观地想象书页是什么样的,但活字为印刷术带来更加重要的灵活性和重用性。当然,应用 XBRL GL 也是有代价的(就像活字印刷——印刷书页前,需要排列组合字模的工作)——需要将业务元素映射到 XBRL GL 元素或元素组合。XBRL GL 抽象元素的理念如同现代电子印刷包含的活字理念一样。如今,通过计算机软件工具,完全可以实现 XBRL GL 元素"一次组合,反复应用",保证 XBRL GL 应用的便捷性。

　　XBRL GL 应用的技术规范、分类标准、业务标准、映射标准、验证标准和软件工具都日臻成熟。近日,反映中国 XBRL GL 应用实践的论文《XBRL GL 应用路线图》入选 2017 XBRL 国际会议。事实告诉我们:XBRL GL 在路上。

作　者

2017 年 12 月于北京